# Die Andromedagalaxie M31
## Die bisher umfangreichste Sternenkarte

Galaxieexperte Vincent Hohne

# Die Andromedagalaxie M31

Die bisher umfangreichste Sternenkarte

Bibliografische Information der Deutschen Nationalbibliothek
Die Deutsche Nationalbibliothek verzeichnet diese Publikation in der Deutschen Nationalbibliografie; detaillierte bibliografische Daten sind im Internet über http://dnb.d-nb.de abrufbar.

ISBN: 9783734706561




24,99 Euro

Die Andromedagalaxie ähnelt der Milchstraße. Beide Galaxien beherbergen die gleichen Arten von astronomischen Objekten, aus der „äußeren" Perspektive der Milchstraße besteht jedoch eine bessere Sicht auf die Struktur der Galaxie.
Es sind dunkle Staubbänder, Sternentstehungsgebiete und im Außenbereich über 200, möglicherweise 500 Kugelsternhaufen auszumachen. Auch können in immer größeren Bereichen ihre einzelnen Sterne beobachtet werden. Die Galaxie weist im Zentrum ein massereiches Schwarzes Loch von etwa 100 Millionen Sonnenmassen auf, Spiralarme erstrecken sich davon bis zu einer Distanz von rund 80.000 Lichtjahren, ihr Halo dehnt sich über eine Million Lichtjahre aus.

Die hier enthaltenen Sternenbilder zeigen Spitalarm T22 in seiner feinsten Entfaltung.

Ihr Vincent Hohne